ASSOCIATION FRANÇAISE

POUR

L'AVANCEMENT DES SCIENCES

CONGRÈS DE NANTES

1875

M

PARIS

AU SECRÉTARIAT DE L'ASSOCIATION

76, rue de Rennes.

ASSOCIATION FRANÇAISE

POUR L'AVANCEMENT DES SCIENCES

M. A. CHAUVEAU

Professeur de physiologie à l'école vétérinaire de Lyon.

L'AGENT PYOHÉMIQUE

— Séance du 23 août 1875. —

La question contenue dans ce titre est très-vaste. M. Chauveau n'en veut envisager qu'un point très-circonscrit, à savoir, quelles sont les conditions qui rendent infectant le pus des blessés, ou, plus étroitement, qui lui permettent, quand il s'introduit dans les vaisseaux, de produire les inflammations secondaires disséminées, circonscrites ou diffuses, de la pyohémie.

Les nombreuses expériences faites antérieurement pour produire ces lésions, en injectant du pus dans les veines des animaux, semblaient avoir établi que le pus dit de bonne nature, ou pus sain, ou pus non putride, n'est pas infectant ; mais que tous les pus recueillis en état de putridité sur les plaies ou dans certaines cavités sont plus ou moins aptes à déterminer les abcès dits métastatiques, ainsi que les autres inflammations pyohémiques secondaires. Sauf de fortes réserves sur les différences d'activité qu'impriment au pus putride les différences d'origine, c'est à peu près à cette opinion que s'est rallié M. Chauveau lui-même, quand il discutait, en 1872, la question de l'agent pyohémique avec M. Burdon-Sanderson. Mais à la suite de cette discussion, en faisant un récolement complet de ses expériences propres, M. Chauveau est arrivé à se convaincre que, dans les termes où elle vient d'être formulée, la proposition qui attribue d'une manière générale la propriété infectante au pus putride est plus que partiellement défectueuse : elle manque tout à fait d'exactitude.

Depuis 1855, on a fait, dans le laboratoire de M. Chauveau, une centaine d'injections de pus dans la veine jugulaire, la plupart sur des chevaux et des ânes. Quelques-unes ont, de plus, été pratiquées dans le système artériel. Sur ce nombre considérable, soixante cas environ appartiennent à des injections de pus de bonne nature, injections qui, conformément aux faits antérieurement observés, n'ont pas déterminé de lésions dans le poumon. Quant aux quarante expériences restantes, toutes faites avec du pus putride, elles n'ont pas toutes donné, loin de là, des résultats positifs : il n'y en a guère qu'une douzaine qui soient dans ce cas, c'est-à-dire qui aient provoqué la formation, dans le poumon, d'abcès métastatiques plus ou moins nombreux et plus ou moins graves.

Comment expliquer cette différence de résultats ? Evidemment, les conditions des expériences n'étaient pas identiques, quoiqu'on eût cherché à réaliser cette identité. Malheureusement ces conditions n'étaient pas signalées avec assez de détails ou de précision dans la plupart de ces expériences anciennes. Il n'y en avait qu'un nombre fort restreint de la comparaison desquelles il fût possible de tirer quelques lumières. De là la nécessité de faire de nouvelles expériences, pour essayer d'arriver à déterminer la cause des différences observées.

Ce n'est pas dans la réceptivité particulière des sujets d'expériences que cette cause doit être cherchée. Les expérimentateurs familiarisés avec l'étude des maladies virulentes ne peuvent pas attacher à cette condition une influence primordiale.

Evidemment, c'est la matière infectante, le pus injecté dans les vaisseaux des sujets d'expériences qui recèle en lui-même la cause des différences observées dans les résultats que produit l'injection. Il était donc indispensable de s'assurer aussi rigoureusement que possible des conditions de la matière infectante utilisée dans les expériences.

Pour cela on a eu soin d'en noter avec soin l'origine et les caractères. Mais on a tenu surtout à essayer, pour toutes les expériences, l'activité phlogogène de cette matière infectante. C'est qu'en effet, si du pus introduit dans les vaisseaux engendre, au sein des organes où il se dissémine, des inflammations circonscrites ou diffuses, ce ne peut être qu'en vertu d'une propriété phlogogène, qui doit se manifester également dans toute autre condition de contact avec les tissus animaux. Or, on possède un excellent moyen de mesurer l'activité de cette propriété phlogogène : c'est l'injection dans le tissu conjonctif sous-cutané. Un centimètre cube d'eau pure, additionnée de six à huit gouttes de pus, suffit à l'expérience. L'injection, pratiquée soigneusement avec la seringue Pravaz, sur un cheval ou sur un âne, produit, suivant l'activité phlogogène du pus, ou une tuméfaction fugitive, ou un petit abcès, ou un phlegmon intense plus ou moins grave, ou un phlegmon excessif, gangréneux, qui emporte presque toujours l'animal en quelques jours. Dans toutes les expériences nouvelles de M. Chauveau, il y a eu un ou plusieurs animaux témoins, destinés à éprouver, par ce procédé, l'activité phlogogène de la matière infectante injectée dans les vaisseaux.

M. Chauveau s'est assuré encore un autre avantage en faisant l'injection de la matière infectante dans l'artère carotide, au lieu de la jugulaire. Il s'y est décidé parce que, parmi ses expériences antérieures, celles qui avaient été recueillies dans des conditions qui permettent de les comparer aux expériences nouvelles, ont été justement pratiquées sur la carotide. De plus, avec ce procédé, la matière irritante est poussée dans des organes d'une extrême susceptibilité, l'encéphale et l'œil, traduisant leurs moindres lésions par des troubles fonctionnels ou matériels très-facilement appréciables.

Le manuel opératoire est des plus simples.

On commence par préparer le pus qui doit être injecté. Il est additionné de 2 à 3 parties d'eau et soumis à un tamisage qui retient les flocons fibrineux. Le tamis, formé de 8 à 10 plans superposés de très-fine toile de batiste, est assez fin pour ne laisser passer les globules que un à un. En vertu de leur propriété agglutinative, ils peuvent se rejoindre et former de petites masses ; mais ces amas ne sont point cohérents ; ils se désagrègent avec la plus grande facilité dans un flot de liquide, et ne peuvent ainsi former de véritables embolies quand ils sont introduits dans l'artère carotide. Cette condition est de la dernière importance dans des expériences de cette nature, pour ne point compliquer les effets de l'action irritante propre de la matière infectante, par ceux de l'ischémie que déterminerait une embolie dans un département vasculaire plus ou moins étendu. Certes, pour provoquer la naissance d'un foyer inflammatoire, il est absolument nécessaire que les agents irritants du pus introduit dans le système circulatoire s'arrêtent et se fixent dans les capillaires. Mais, en prenant la précaution de faire l'introduction intravasculaire de ces agents sous une forme qui ne leur permet pas de jouer le rôle d'obstacle *mécanique* sérieux à la circulation, on se place dans des conditions beaucoup plus simples que si la matière injectée peut obstruer des artérioles.

On verra, du reste, par les résultats des présentes expériences, que la théorie embolique de la pyohémie, telle qu'elle a été établie par les travaux de Virchow et de ses élèves, n'est nullement nécessaire pour expliquer la formation des foyers inflammatoires circonscrits des individus pyohémiques. Mais ce point de physiologie pathologique n'est point ici en cause ; M. Chauveau se hâte de dire qu'il ne le discutera point. Que la matière irritante arrive ou non sous forme d'embole oblitérant dans la profondeur des viscères, il faut, dans tous les cas, que cette matière possède une activité phlogogène spéciale pour produire des abcès dits métastatiques, et ce sont seulement les conditions de cette activité que M. Chauveau cherche à déterminer.

La matière ainsi préparée est introduite dans une seringue de Pravaz, dont la canule ponctionnante, extrêmement fine, est rattachée au corps de pompe par un tube court en caoutchouc. Ce tube a l'avantage de rendre l'instrument plus maniable, et de tranformer en jet continu le mouvement saccadé imprimé au liquide par les coups de piston. La quantité de liquide introduite dans la seringue a été généralement calculée de manière à injecter vingt gouttes de pus dans la carotide. Mais il est arrivé parfois que l'on n'a pu se procurer le pus en quantité suffisante pour arriver à ce chiffre. On a dû descendre jusqu'à cinq gouttes. Comme c'est dans des cas où la matière s'est justement montrée à son maximum d'activité, cette circonstance, loin de nuire à l'ensemble des expériences, n'a fait qu'en accentuer davantage la signification.

L'opération de l'injection se fait avec la plus grande facilité. C'est sur des solipèdes que le plus grand nombre des expériences ont été pratiquées. La carotide est mise à nu sur l'animal maintenu debout. Il est bon de laisser le vaisseau dans sa gaîne. Mais il n'y a pas d'inconvénient à l'en sortir et à le placer en travers d'une sonde ou d'une paire de ciseaux. Ce procédé facilite la ponction du vaisseau et l'injection de la matière purulente.

Ce dernier temps de l'opération exige quelques précautions qui sont indiquées par l'auteur avec détails. Une surtout doit être observée. Il faut avoir soin, avant la ponction, d'essuyer parfaitement la lance de la canule ; et, après l'injection, avant de retirer l'instrument, on doit laisser le courant sanguin en laver parfaitement l'extrémité. Sans cette double précaution, on s'expose à inoculer la paroi du vaisseau avec la matière purulente, et il en peut résulter ultérieurement, si l'animal doit survivre assez longtemps, une ulcération capable de déterminer une hémorrhagie mortelle. La matière injectée dans l'artère est emportée vers les organes où celle-ci se distribue, par le courant sanguin resté absolument libre. Aucune ligature n'est nécessaire après l'opération, parce que la plaie faite au vaisseau par la ponction est trop petite pour donner naissance à une hémorrhagie. L'artère peut être considérée comme intacte. Son canal est aussi librement ouvert qu'auparavant. C'est comme si elle n'avait pas été touchée. Les autopsies démontrent effectivement qu'en dehors de l'accident signalé plus haut il ne se forme point de caillot au niveau de la fine piqûre occasionnée par la ponction du vaisseau.

Les suites immédiates de l'opération sont de deux ordres : ce sont ou des phénomènes généraux ou des phénomènes locaux.

Les premiers sont les phénomènes de la fièvre : accélération du pouls, frissons, chaleur à la peau, sueurs, élévation de la température rectale. Ils se manifestent sur presque tous les sujets; mais leur intensité est extrêmement variable, suivant la nature et la quantité de la matière injectée. L'étude de cette très-intéressante action pyrogène n'entrant pas dans le plan du travail de M. Chauveau, il ne veut pas s'étendre sur ce point. Il tient seulement à signaler un seul fait, la rapidité avec laquelle apparaissent ces phénomènes lorsque l'action pyrogène de la matière purulente est très-marquée. Le plus souvent alors le frisson, et un frisson qui est parfois d'une violence extraordinaire, commence à se manifester avant même que l'injection ne soit terminée, c'est-à-dire en moins de trois à quatre minutes (c'est le temps moyen employé pour achever l'injection). Tous les autres phénomènes apparaissent presque simultanément, en sorte qu'il est à peu près impossible de saisir une différence entre le temps d'apparition des frissons et celui des sueurs. La rapidité de l'apparition de ces phénomènes fébriles ne permet pas de les interpréter autrement que comme le résultat immédiat de l'action de la matière infectante sur le système nerveux central.

Quant aux phénomènes locaux immédiats, ils se manifestent aussi sur le plus grand nombre des sujets, quels que soient, du reste, les résultats ultérieurs de l'opération. Ce sont de légers mouvements convulsifs dans les muscles de la face, quelquefois une semi-paralysie fugitive des lèvres. Il arrive souvent que l'animal secoue énergiquement la tête. Enfin, on peut observer un peu de vascularisation sur la conjonctive, du côté où l'injection a été faite.

Mais ce sont les résultats consécutifs qui offrent le plus grand intérêt. A ce point de vue, les sujets d'expérience se divisent en deux grandes catégories : 1º ceux qui guérissent de l'opération ; 2º ceux qui en meurent.

Les premiers se rétablissent en général très-promptement. Dès le lendemain, la fièvre peut avoir disparu, ainsi que les troubles nerveux. Il ne reste aux animaux que la plaie du cou, qui se cicatrise plus ou

moins rapidement, suivant les soins qu'on y donne. L'examen
anatomique de l'encéphale révèle parfois quelques particularités dignes
d'attention, mais sans intérêt direct relativement à la question de la
pyohémie.

C'est toujours par une violente méningo-encéphalite que sont tués
les animaux qui succombent. La mort arrive rapidement, entre la
trentième et la quatre-vingtième heure. Lorsqu'on observe ces sujets le
lendemain de l'opération, ils paraissent tristes ou même plongés dans
le coma. L'œil, du côté de l'injection, est plus ou moins larmoyant. Les
vaisseaux de la conjonctive sont fortement injectés, et la cornée peut
commencer à présenter une certaine opacité. Puis surviennent tout à
coup les troubles nerveux les plus graves : roideur générale, chute sur
le sol, convulsions toniques et cloniques, toujours plus marquées du
côté opposé à celui de l'injection. Les crises se succèdent plus ou moins
rapidement. Elles alternent avec des périodes de rémission dans
lesquelles les phénomènes paralytiques se combinent aux contractions
permanentes. Enfin l'animal ne tarde pas à périr au milieu d'une de ces
crises convulsives, qui sont parfois d'une violence inouïe.

L'autopsie révèle dans l'œil et l'encéphale les plus intéressantes
lésions.

Dans l'œil, la vascularisation extérieure a disparu ; mais on trouve
la conjonctive infiltrée et la cornée tout à fait opaque. A l'intérieur se
montrent des lésions très-accentuées d'iritis et de choroïdo-rétinite.
L'humeur aqueuse, trouble, contient des fausses membranes fibrineuses
infiltrées de globules de pus. Il y en a aussi d'étalées sur la face
antérieure de l'iris. Celui-ci est plus ou moins décoloré. La rétine
adhère à la choroïde en certains points. On peut trouver de très-fines
granulations inflammatoires sur le trajet des vaisseaux rétiniens
fortement injectés. Il en existe d'un peu plus volumineuses dispersées
dans le tissu de la choroïde, avec de petits extravasats sanguins et
dépigmentation de la membrane.

L'encéphale présente à sa surface tous les signes anatomiques d'une
méningite plus ou moins généralisée : rougeur diffuse de la pie-mère,
petites plaques hémorrhagiques, exsudats pseudo-membraneux et puru-
lents à la base, dans la scissure de Sylvius, sur les plexus choroïdes cé-
rébelleux et sur quelques circonvolutions. Les ventricules contiennent
en abondance de la sérosité purulente. Sur les parois sont étalées des
fausses membranes fibrineuses infiltrées de pus. Elles laissent voir,
quand on les enlève, un piqueté hémorrhagique souvent très-serré.

C'est dans l'épaisseur de la substance cérébrale que se trouvent les
lésions les plus importantes. Les plus remarquables sont de petits abcès miliaires, qu'on peut rencontrer au nombre de plusieurs centaines,

et qui, en devenant cohérents sur certains points, forment alors des abcès plus volumineux. Rien de plus instructif, au point de vue du mode de formation des lésions pyohémiques, que l'étude de ces lésions : ce sont bien là de petits foyers très-franchement inflammatoires, sans complication d'aucun autre processus. Les grands foyers ont les dimensions d'un pois ou d'une noisette. Ils ne sont pas tous formés par la réunion de petits abcès miliaires. Le plus grand nombre, au contraire, paraissent procéder d'un foyer inflammatoire unique.

Le pus contenu dans ces abcès est généralement d'une couleur grise verdâtre. Cette couleur tire parfois sur le rouge, surtout dans les grands foyers. Le pus est alors teinté par la matière colorante du sang.

Il peut exister aussi des foyers hémorrhagiques ayant la plus grande ressemblance avec ceux de l'apoplexie cérébrale type. Les grands foyers sont très-rares. Mais les extravasats miliaires quasi-microscopiques ou même microscopiques sont assez communs. On les trouve mêlés aux petits abcès, et la comparaison des deux sortes de lésions ne laisse aucun doute sur leur origine commune ; les unes et les autres reconnaissent pour cause l'irritation déterminée par la matière infectante, la fluxion violente qui appelle le sang dans les capillaires et peut en déterminer la rupture.

Jamais on n'a rien constaté qui ressemble au ramollissement blanc à l'infarctus nécrobiotique pur causé par l'arrêt embolique de la circulation. Les lésions sont toutes de nature franchement inflammatoire. C'est au moins là leur caractéristique générale.

Ces lésions sont beaucoup plus graves du côté où l'injection a été faite. Mais il en existe toujours du côté opposé. C'est dans les hémisphères cérébraux qu'on observe les plus abondantes. On en trouve aussi dans la moelle allongée et le cervelet.

En un mot, l'encéphale, sous l'influence de l'action irritante de certains pus introduits dans l'artère carotide sous un état qui ne leur permet pas de jouer le rôle d'embolies oblitérantes, devient le siége de lésions inflammatoires, *circonscrites* et *diffuses,* qui sont tout à fait remarquables.

D'autres lésions, moins importantes, ont encore été trouvées ailleurs. Il faut signaler particulièrement celles qui ont été produites dans le poumon par la petite quantité d'éléments infectants qui n'ont pas été fixés par les capillaires de la tête. Ces lésions sont, du reste, très-rares. Elles consistent en nodules rouges, sur la nature desquels il y a matière à discussion, mais que M. Chauveau n'hésite pas à considérer comme issues du même processus que les lésions encéphaliques et oculaires.

En établissant le bilan général des expériences ainsi faites pour étu-

dier les effets produits par les injections de matières infectantes dans
la carotide, on trouve ces expériences au nombre de vingt-huit. Huit
concernent l'étude de pus non putride, ou même de sérosité purulente
privée absolument de globules. Il en reste vingt consacrées à l'étude
du sujet spécial qui est en vue, la comparaison de différents pus putrides. Or, sur ce nombre de vingt sujets qui ont reçu du pus putride
dans la carotide, quatorze se sont rétablis promptement et complète-
ment, six seulement ont succombé dans les conditions qui viennent
d'être indiquées.

Que si maintenant l'on compare ces résultats avec ceux qu'a donnés
l'injection sous-cutanée sur les animaux témoins destinés à essayer l'activité phlogogène de la matière injectée, on constate les plus étroites
relations entre les deux ordres de faits. Dans les six expériences posi-
tives, le pus employé était d'une telle activité que l'injection sous-cutanée a déterminé *dans tous les cas* des phlegmons gangréneux d'une
exceptionnelle gravité. Quatre des sujets ont succombé le quatrième ou
le cinquième jour : les deux autres ont été extrêmement malades et ont
eu beaucoup de peine à se tirer d'affaire. Quant aux quatorze expériences négatives, les animaux témoins affectés à ces expériences ont eu
presque tous, dans le lieu de l'injection sous-cutanée, un abcès plus ou
moins volumineux, renfermant de 1 à 50 centimètres cubes de pus, parfois inodore, beaucoup plus souvent franchement putride. Mais aucun
de ces animaux n'a été véritablement malade. Un peu de fièvre de réac-
tion sur les sujets porteurs d'un foyer inflammatoire étendu, tel a été
le seul symptôme qui ait pu être observé.

L'origine du pus employé dans les expériences donne lieu à d'ins-
tructifs rapprochements. Dans l'un des six cas où la matière infectante
s'est montrée d'une si grande nocuité, le pus avait été emprunté à une
plaie récente du cou d'un cheval, plaie compliquée et enflammée à laquelle il eût été difficile d'assigner des caractères plus explicites. Mais
dans les cinq autres cas, le pus provenait de sétons récents *ayant déterminé une très-grosse tuméfaction douloureuse et dont le trajet se
montrait crépitant*. Enfin, le pus utilisé pour les quatorze expériences
négatives avait été pris dans des abcès putrides provoqués par une injection sous-cutanée, ou sur des plaies en voie de cicatrisation avan-
cée, ou bien encore dans le trajet de sétons anciens ou même récents
n'ayant donné naissance qu'à une tuméfaction insignifiante. En
somme, ce pus inoffensif avait pour origine des foyers fermés, ou des
plaies exposées se présentant avec des caractères de bonne nature ; le
pus malin sortait de plaies exposées dont les caractères indiquaient, au
contraire, une mauvaise tendance, au moins dans le plus grand nombre
des cas.

Et maintenant que conclure ? Pour que du pus, introduit dans le torrent circulatoire, soit apte à déterminer des lésions pyohémiques, il ne suffit pas qu'il soit putride : il faut encore que la putridité de ce pus se soit développée dans des conditions spéciales. On doit admettre pour ce pus, — n'hésitons pas à dire le mot, si vague qu'il soit, — une sorte de spécificité.

Si malheureusement il ne nous est pas encore donné de connaître l'agent ou les agents qui donnent au pus cette spécificité, au moins avons-nous l'avantage de connaître empiriquement quelques-unes des conditions de son développement. C'est beaucoup de savoir que toutes les plaies putrides ne sont pas capables de fournir du pus doué de la propriété de provoquer, par son introduction en très-petite quantité dans les vaisseaux, les lésions inflammatoires circonscrites ou diffuses de la pyohémie. Quand les plaies ont cette aptitude, elles peuvent, dans certains cas, la traduire par des caractères objectifs à peu près certains, comme la chose arrive pour les plaies de sétons passés sous la peau des solipèdes. Ces caractères sont alors assez significatifs pour qu'on puisse affirmer à l'avance que le pus fourni par ces plaies produira des inflammations profondes ou des phlegmons gangréneux extérieurs, suivant que la matière sera introduite dans les vaisseaux ou dans le tissu conjonctif sous-cutané. M. Chauveau a déjà signalé ailleurs l'activité spéciale du pus qui a cette origine. Il croyait alors que cette activité n'est qu'un degré plus élevé de l'activité phlogogène commune à la généralité des pus putrides. Aujourd'hui, il ne peut plus conserver cette opinion. C'est plus qu'une différence de degré dans la même activité phlogogène qu'il faut reconnaître aux différents pus putrides. Il y a certainement des conditions toutes particulières inhérentes à l'état putride du pus infectant capable de causer les graves désordres dont il a été question, même quand cette matière est employée à la dose de quelques gouttes seulement.

Une autre conclusion se dégage encore des présentes expériences. C'est une conclusion pratique qui ne se distingue pas par sa nouveauté, mais qu'il est bon d'indiquer, parce qu'elle est apte à raffermir les tendances actuelles de la chirurgie dans le traitement des plaies. L'état nosocomial qui provoque, dans les salles de blessés ou d'opérés, de si terribles épidémies de pyohémie, exercerait sa funeste influence, d'après une opinion encore répandue, en agissant sur l'état général, par absorption pulmonaire de miasmes infectants ; ces miasmes augmenteraient la réceptivité des sujets, ou même joueraient dans l'économie le rôle d'agents directs des accidents pyohémiques. Il est plus raisonnable, si l'on tient compte des expériences dont il vient d'être question, de penser que l'atmosphère nosocomiale agit directement sur l'accident primitif, sur la plaie exposée, source indéniable de l'agent pyohémique. Elle favorise la production de cet agent. De là, l'indication, pour prévenir la pyohémie ou en arrêter les progrès, de porter son attention sur le foyer primaire, c'est-à-dire sur le lieu où très-certainement prend naissance l'agent pyohémique.

Nantes. — Imp. Vincent Forest et Emile Grimaud, place du Commerce, 4.

ASSOCIATION FRANÇAISE

POUR L'AVANCEMENT DES SCIENCES

EXTRAIT DES STATUTS ET RÈGLEMENT

VOTÉS PAR L'ASSEMBLÉE GÉNÉRALE DU 27 AOUT 1874.

STATUTS.

Art. 4. — L'Association se compose de membres fondateurs et de membres ordinaires : les uns et les autres sont admis, sur leur demande, par le Conseil.

Art. 5. — Sont membres fondateurs les personnes qui auront souscrit à une époque quelconque une ou plusieurs parts du capital social : ces parts sont de 500 francs.

Art. 7. — Tous les membres jouissent des mêmes droits. Toutefois les noms des membres fondateurs figurent perpétuellement en tête des listes alphabétiques, et les membres reçoivent gratuitement pendant toute leur vie autant d'exemplaires des publications de l'Association qu'ils ont souscrit de parts du capital social.

RÈGLEMENT.

Art. 1er. — Le taux de la cotisation annuelle des membres non fondateurs est fixé à 20 francs.

Art. 2. — Tout membre a le droit de racheter ses cotisations à venir en versant une fois pour toutes la somme de 200 francs. Il devient ainsi membre à vie.

La liste alphabétique des membres à vie est publiée en tête de chaque volume, immédiatement après la liste des membres fondateurs.

Les souscriptions sont reçues :

Au Secrétariat, 76, rue de Rennes;

Chez M. Masson, *trésorier,* 17, place de l'École de Médecine.

Les souscriptions des membres fondateurs peuvent être versées en une seule fois, ou en deux versements de chacun 250 francs.

Nantes. — Imp. Vincent Forest et Emile Grimaud, place du Commerce, 4.

9 782013 040990